樋口愉美子的 優雅刺繡時光

5種繡線繡出春的樂園、
夏的花草還有迷人的花鳥圖案

大風文創

前　　言

本書是以繡線為主題，結合我的設計交織而成的圖案集。

我的繡線盒裡有五彩繽紛的顏色。
有喜歡的線，也有不擅長繡的線，
喜歡的線因為經常使用而逐漸減少，
不擅長的線只能慢悠悠地等待出場機會。

嘗試製作新圖案時，常會有繡失敗的時候，
從整體繡到細部後，接著回顧整體做調整，
再仔細將細部修得更精緻。一邊做各種顏色搭配，
一邊花時間慢慢一針一線將圖案填滿起來。
將「喜歡」與「不擅長」的線組合搭配，
一旦開始發光，創意才終於成型。

以這樣的意念所設計出的精緻圖案，
能讓人愉快地徜徉在刺繡世界中，
最後完成一幅豐富的作品。

小巧的圖案繡起來輕鬆愉快，
繡在生活小物上可以隨身攜帶。
大的圖案就像嘗試大冒險，
完成後裝飾在牆上珍藏起來。

繡線的顏色之豐富就不用說了，素材的粗細也各有特色。
即使是相同圖案，選擇不同繡線所完成的作品也有所不同。
請找出自己喜歡的線吧。
若能深深地沉浸並享受於刺繡世界中，那將是我的榮幸。

樋口愉美子

Contents

Metallic thread 金蔥線

Pearl cotton thread *#8* 8 號珍珠棉線

How to make

Wool thread

羊毛繡線—粗線

羊毛繡線是以羊毛編織而成的刺繡線。

這裡使用的 TAPESTRY 羊毛繡線（DMC），

是帶有樸素質感的粗羊毛繡線。

適合用於想填滿較大的面積或強調圖案時，可以呈現蓬蓬的立體感。

與 25 號繡線做組合搭配的話，更能增加作品的表現幅度。

由於羊毛繡線是不能分股的 1 股線，所以會用 1 股線或 2 股線進行刺繡。

清潔時使用乾洗就不用擔心會縮水。

三色菫、果實與花草的諧和構圖，搭
配刺繡框更顯相得益彰！是一款將刺
繡框作為畫框的設計。

鮮明的草綠色襯托著枝繁葉茂的花花草草，在深沉的芥末黃包包上綻放著。繡在白色或灰色的包包上也相當合適。

Asian flower
亞洲花卉
Page.66

將令人印象深刻的紅艷大花朵刺繡
製作成了胸針。隨時隨地都能別在
身上，也是和刺繡很搭、能簡單親
手製作的飾品。

Cherry season
櫻桃季
Page.68

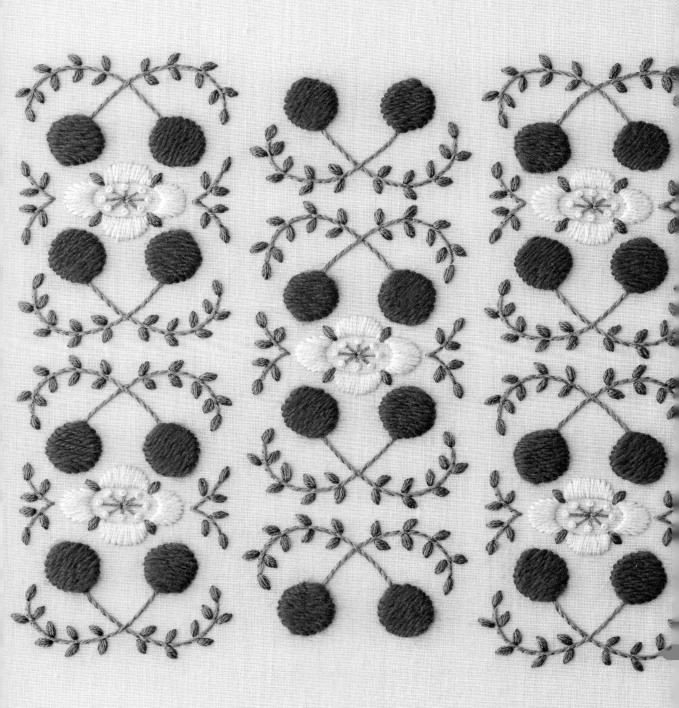

Blackberry 黑莓

Page.68

Wool thread

羊毛繡線─細線

細的羊毛繡線是使用英國 APPLETONS 羊毛繡線。

這款繡線質地輕柔，能做更細緻的描繪。

由於色彩豐富，不僅一年四季都能使用，而且相當顯色，

對於初次使用羊毛繡線的人也是很容易上手的線。

搭配線條俐落的 25 號繡線，還能萌生更繽紛的表現。

羊毛繡線用於繡花朵等想強調的圖案也是一個重點。

清潔時使用乾洗就不用擔心會縮水。

Flower garden
花園
Page.69

Butterfly garden
蝴蝶花園
Page.70

可愛的圖案，繡在黑色布上也能呈
現出成熟的氛圍。可以繡在市售的
髮帶上，或零零星星地繡在衣服上
也相當別緻。

直徑 10 cm 左右的小型繡框，裝飾於
門上或作為擺飾也相當適合。可以在繡
框上塗點保護漆，更能提升整體質感。

Hummingbird

蜂鳥

Page.72

Rose and little daisy pattern
玫瑰與小雛菊的搭配
Page.73

21

Red clover wreath
紅萩草花環
Page.74

Botanical garden

植物花園

Page.76

植物花園　14色

Page.76

羊毛繡線立體感所產生的陰
影，與25號繡線高雅豔麗的
對比，美麗得令人目不轉睛。
一針一線，精細手工製作完成
的刺繡，無論是刺繡時或完成
後都令人雀躍不已。

Cotton thread #25

25 號繡線

以 6 股細木棉線撚成 1 股線，是最受歡迎的刺繡線。

這次使用的是色彩齊全且豐富、超過 450 色的法國 DMC 繡線。

DMC 繡線的顏色很漂亮，色調容易搭配使用也是其魅力。

25 號繡線要先剪下想使用的長度，一股一股解開後，

再將需要的股數撚合起來使用，利用股數來調整粗細。

解開再撚合的繡線較為蓬鬆，能呈現更具質感的色澤，成品也更漂亮。

將 7 種小花連接在一起，製作成橢圓形
的花環。是一款將特別喜歡的橢圓形繡
框加以活用的設計。

Moroccan blue　摩洛哥藍

Page.78

Summer grass　夏季花草

Page.79

以環繞的花草描繪成一個四方形的戒
枕。將數個四方形連接起來也能變換
成華麗的十字交錯圖案。戒枕的製作
方式請參考 p.80。

Floral lace pattern
花樣蕾絲
Page.81

將「花樣蕾絲」圖案分開,製作成如陶
瓷片般的造型胸針。淡雅的色調很適合
成熟的裝扮,在邊緣上搭配珍珠串珠也
很別緻。

Mini bouquet
迷你花束
Page.78

我的繡線盒

工作室裡有很重要的四層木盒。打開蓋子後，裡面是依照顏色整齊擺放的 DMC 25 號繡線。所有顏色一應俱全的繡線，是從母親那裡繼承而來的。母親用點心盒的厚紙板作為繡線紙板，捲上繡線細心收藏。我也學著母親的作法，將繡線輕柔地捲在紙板上來使用，如此一來就不會浪費剩餘的線。為避免受陽光照射而導致褪色，也需要妥善收存。

將捲線紙板（5x7cm）的上下各剪個小切口夾住繡線，是固定線頭很好用的小妙招。如此一來就能整齊地收納，紙板上也別忘了要寫上色號喔。

Metallic thread
金蔥線

散發高貴美麗光澤的金蔥線。

這次使用的 Diamant（DMC）表面塗有矽蠟線油，比起一般的金蔥線較為滑順好繡。

即使只用於小部分的點綴，也能充分提升華麗感。

金蔥線是以 1 股線（3 股線撚合）狀態捲起來的，本書直接使用 1 股線。

比起 25 號繡線稍微難處理一點，剪短一點再使用會比較方便。

Butterfly brooch

蝴蝶胸針

Page.86

外圍用金蔥線環繞刺繡的兩款胸
針。「蝴蝶胸針」是自然地繡出邊
緣線；「花朵樹胸針」則是繡整體。
依不同的使用方式就能演示出各式
各樣的氛圍。

Flower branch
brooch

花朵樹胸針

Page.87

King of pigeons
鴿子王
Page.88

使用含低光澤感的別緻金蔥線,繡
在一般市售的室內拖鞋上,既不會
太樸素,又能呈現成熟的氛圍。

45

Pearl cotton thread #8

Pearl Cotton 8 號珍珠棉線

擁有美麗珍珠光澤、撚成一股的木棉線。
比 25 號繡線稍粗並柔韌，適合簡單且具有存在感的圖案或幾何紋樣。
些許粗獷又輕鬆愜意的風格玩味十足，
能充分呈現出感受得到夏日氣息或異國情調的圖案。
由於是不能分股的 1 股線，所以會用 1 股線或 2 股線進行刺繡。

選出一款花朵圖案，搭配繡在人字
紋布料的包包上。將粗的繡線繡在
條紋或格紋等圖案上，也能表現出
存在感。

Coral pattern
珊瑚圖案
Page.91

彷彿窺探南國海域的「珊瑚圖案」
組合（p.50）。將小丑魚與數種珊瑚
均勻地配置在繡框裡，完成後也可
以直接裝飾在牆上。

Indian SARASA pattern

印度更紗花紋

Page.94

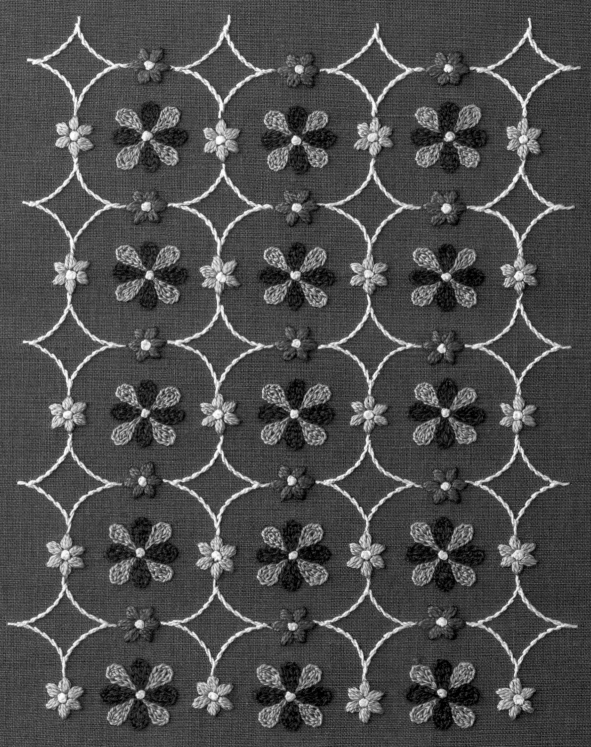

刺繡基礎與圖案

介紹本書中所使用的基礎刺繡技法，
以及如何讓刺繡更漂亮的訣竅和胸針的製作方式。64頁起為圖案集。

Tools 工具

1. 布用複寫紙
將圖案描繪在布上的複寫紙。轉印在黑色等深色的布上時則選擇白色複寫紙。

2. 描圖紙
描繪圖案用的薄紙。

3. 玻璃紙
將圖案轉印在布上時使用玻璃紙隔著，可以避免描圖紙破裂。

4. 轉印用鐵筆
將圖轉印在布上時，用來描繪圖案，也可以用原子筆等代替。

5. 布剪
準備一把銳利的裁布專用剪刀。

6. 線剪
尖端較細，刀片薄的線剪，較容易使用。

7. 錐子
修改刺繡時可以便於操作的工具。

8. 穿線器
便於羊毛等較粗的繡線穿針孔時使用。

9. 針與針插
粗羊毛繡線需要用長針孔的刺繡針，其他繡線則用法式刺繡針。依線的股數來選擇適合的針。

10. 繡框
將繡布繃緊的框。框的大小是依據刺繡圖案來選擇，在拿繡框時，建議選擇手指可以碰到中心的小型繡框。

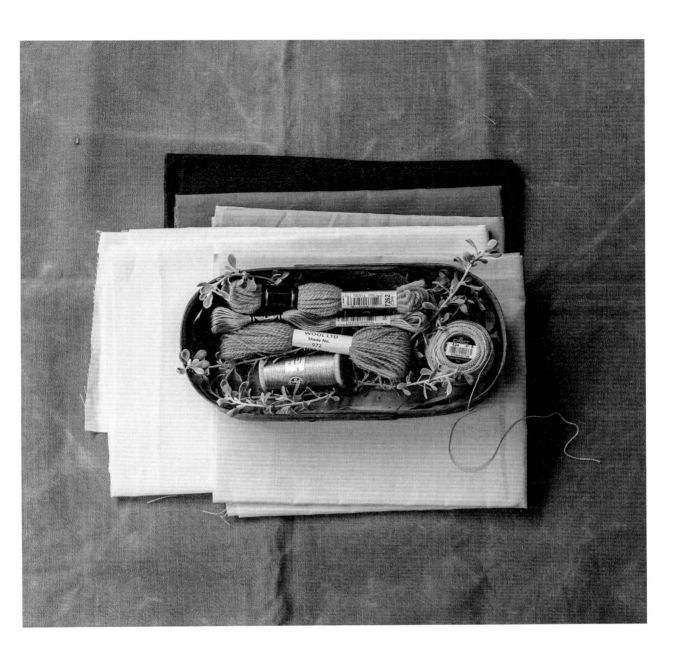

Materials 材料

刺繡線

本書中使用25號繡線、
TAPESTRY 羊毛繡線、
Pearl cotton 8 號珍珠棉
線、Diamant（上述皆為
DMC 製）、APPLETONS
羊毛繡線等 5 種繡線。依
據使用的繡線股數來更
換適合的繡針，刺繡時
可以較容易進行。

各式繡線的股數與建議使用的繡針

繡線的種類	股數	建議使用的針
TAPESTRY 羊毛繡線	1 股或 2 股線	刺繡針（DMC）No.22 緞帶刺繡針 No.20 或 No.18
APPLETONS 羊毛繡線	1 股或 2 股線	法式刺繡針 No.7
25 號繡線	1 股至 6 股線	法式刺繡針 No.3 ～ No.7
金蔥線（Diamant）	1 股線	法式刺繡針 No.5 或 No.7
Pearl cotton 8 號珍珠棉線	1 股或 2 股線	法式刺繡針 No.5 或 No.3

※無指定廠牌的刺繡針為使用 Clover

布

本書中的作品是在亞麻布
上製作而成。平織的亞麻
布容易刺繡且方便清洗，
觸感也很好，是適合享受
刺繡樂趣的素材。先將亞
麻布剪裁後過水清洗，將
織目均勻整理好後放陰涼
處風乾，再趁半乾時用熨
斗輕輕整燙。

各式刺繡與刺繡基礎

介紹本書中使用的 10 種刺繡技法，以及如何繡得精緻漂亮的訣竅。

Straight stitch 直針繡

表現短線條時的繡法，
不同股數會呈現不同的樣貌。

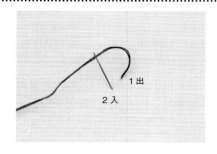

Outline stitch 輪廓繡

表現邊緣、花莖或枝幹等的繡法。
圓弧處若繡得精細一點，
更能完成漂亮的作品。

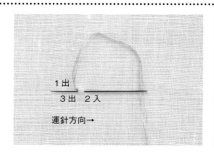 

Running stitch 平針繡

描繪點與線的繡法。
以平針縫的方式來繡。

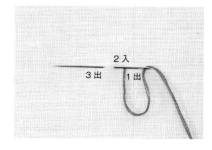 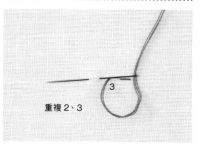

Back stitch 回針繡

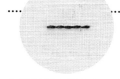

如縫紉機車縫的針目般，
線是連接在一起的。
需要填滿面的時候，
以半針半針交互著來進行刺繡。

 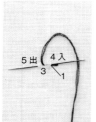 

Point

繡面時，針目大小要
均等，如同疊磚塊般
半針半針交互地進行
刺繡。

Chain stitch 鎖鏈繡

用接連的鎖鏈來表現線與面。
無須用力拉線，讓鎖鏈蓬蓬的，
能較方便均勻調整針目。
Point 填滿面時，要避免產生縫隙。

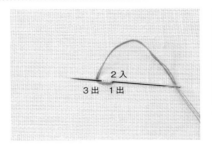

3出　1出　2入

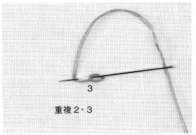

3
重複2、3

French knot stitch 法式結粒繡

基本繡法是捲2次線。
結粒繡的大小可依線的股數調整。
由於結粒繡容易鬆脫，
可以在最後修飾時再繡。

捲2次線
1出

2入　1
一邊用手指壓住捲好
的線，於2入針。

2
拉線

一邊用手指按住線，
一邊往下拉線。

Satin stitch 緞面繡

平行渡線，將面填滿的繡法。
整理好扭轉的繡線，
依序並排刺繡就能繡得漂亮。

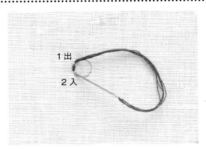

1出
2入

重複1、2

Long and short stitch 長短針繡

以長短針繡排列在一起，
將面填滿的繡法。
使用於扇形的花瓣等等。

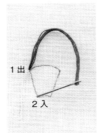

1出
2入

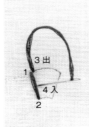

3出
1
4入
2

5出
2
6入

重複繡長短針

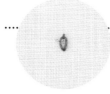

Lazy daisy stitch 雛菊繡

繡小花瓣與葉子等小圖案時的繡法。
線無須拉緊，可以繡得蓬蓬的。

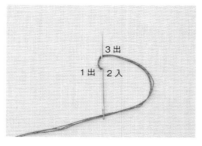

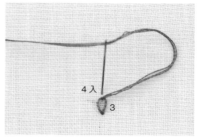

Lazy daisy stitch＋Straight stitch 雛菊繡 ＋ 直針繡

在雛菊繡的中央渡 1 ～ 2 次線，
可以呈現有分量的圓蓬感。

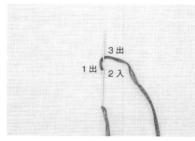

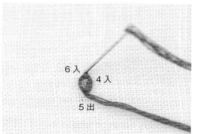

｛將緞面繡、 長短針繡繡得更精美｝

需要填滿形狀有些複雜的花瓣或葉子時，
從中央開始繡，整體會較為均勻，繡起來也更漂亮。

花瓣的繡法，基本上是從外部的線條往花朵中央，以放射狀方向運針來填滿整個平面。繡葉子時，也是從中央的前端位置，逐一朝向中央做緞面繡。

｛將角繡得更漂亮－輪廓繡｝

用輪廓繡繡直角時（或接近直角的角度），
將針從角的位置入針後，再從背面繡好的針目穿過，
把線拉至抽不動後，再於角的位置出針。

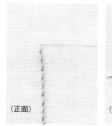

(正面)

(背面)

(背面)

(正面)

｛將角繡得更漂亮－鎖鏈繡｝

用鎖鏈繡繡到角的位置後，先收針，
改變角度後，再接著繡下一個邊。

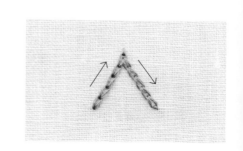

{ 混雙色線刺繡 }

以兩種顏色 2 股線來刺繡。若使用法式結粒繡，
可以明顯看到混色效果，更能展現作品的表現幅度。

1 將兩色的 APPLETONS 羊毛繡線各準備 1 股線。

2 將 2 股 1 的繡線穿針。其中一端線尾打結。

3 進行刺繡。

{ 布邊的處理 }

為避免刺繡途中脫線，要預先將布邊處理好，
進行刺繡時也會較為順暢。

織目細的布：輕輕抽掉邊緣的織線，將四個布邊鬆開約 0.5cm。

織目粗的布：將四個布邊大致縫一下，也可用鋸齒剪刀剪裁。

{ 圖案的轉印方式 }

將圖案轉印在布上時，要避免織目呈歪斜狀，
圖案要配置在直線與橫線上。

1 將描圖紙放在圖案上描繪。

①布（正面）　②複寫紙（背面）
③描圖紙　④玻璃紙

2 依照片順序重疊，先用待針固定好後，再用轉印用鐵筆描繪圖案。

{ 如何取線 01 }

取用 25 號繡線時，先依指定的股數 1 條條拉出，
整理好後再使用。將線逐一對齊排列後再撚合起來。

1 用手指抓住線束內側的線頭後，拉出約 60cm 後剪線。

2 一條條拉出所需的條數後，拉整齊撚順。

{ 如何取線 02 }

將需要的股數拉整齊後穿過針孔，
偶數與奇數的股數穿法不同。

6 股線是 3 股線對折；
4 股線是 2 股線對折。

偶數：2 股線時，先將 1 股線穿過針孔，對折後將兩端線尾合起來打結。

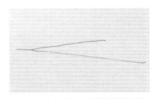

奇數：直接拉出需要的股數，穿過針孔後單邊線尾打結。

{ 線尾打結 }

開始刺繡時先於線尾打結。

1 繡線穿過針後，將針尖壓在線尾上。

2 用線在針上捲 2 次。

3 捏住捲好的部分，一邊將針抽出來，拉完線後結就打好了。

{ 開始刺繡 01 }

起針要用直針繡、輪廓繡、平針繡、回針繡、鎖鏈繡、雛菊繡等繡法，描繪線條時的處理方式。

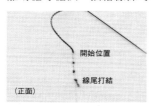 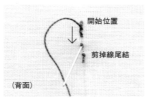

1 朝向刺繡開始的位置進行，沿著圖案線繡幾針回針繡後，從開始位置出針拉線。

2 依照各個作品中指定的繡法，重疊在 1 的針目上進行刺繡，剪掉線尾結。

{ 開始刺繡 02 }

起針要以緞面繡、長短針繡等繡法，填滿整個平面時的處理方式。

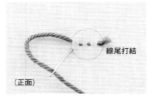 

1 朝向刺繡開始的位置進行，在圖案線內繡幾針回針繡後，從開始位置出針拉線。

2 依照各個作品中指定的繡法，覆蓋 1 的針目進行刺繡，剪掉線尾結。

{ 結束刺繡 01 }

用直針繡、輪廓繡、平針繡、回針繡、鎖鏈繡、雛菊繡等繡法，繡完線條後的處理方式。

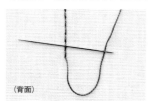 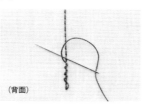

1 將針線穿到背面、在刺繡針目上捲幾次線。

2 剪掉線頭。

{ 結束刺繡 02 }

用緞面繡、長短針繡等繡法，填滿整個平面後的處理方式。

1 將針線穿到背面，讓線在刺繡針目下方渡線後，再折返回去。

2 剪掉線頭。

{ 換線等情況 }

換線，或是想表現從莖長出枝等等，需要在已繡上圖案時再度刺繡的處理方式。

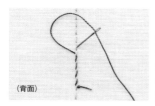

將打好線結的線纏繞在背面的刺繡針目上後，再從開始刺繡的位置穿出線，之後剪掉線尾結。

刺繡框需要鎖緊

將繡布套在繡框上後，若繡框沒有鎖緊的話繡布會鬆動，形成多餘的皺褶。記得要確實鎖緊螺絲，繃緊繡布後再進行刺繡。也可以多加一道工夫，將布料（建議用白色）斜向剪裁成條狀後，仔細地捲在繡框的內框上，捲完後再於內側將布邊縫合固定，如此也能防止繡布滑動。此外，繡大圖時可以一邊移動繡框一邊繡。刺繡完成的部分若要嵌進繡框時建議加上墊布，也盡量避開容易散裂的緞面繡或法式結粒繡，如此就能放心地刺繡了。

{ 作品完成後 }

作品完成後也請仔細地進行最後的修飾吧！如此更能增添作品的質感。

完成的作品不僅可以裝飾在小物上，也推薦放進畫框裡，或是貼在板子上。此外，本書也介紹了「刺繡畫框」的製作方式（p.64），可以嵌在繡框中當作擺飾。存放刺繡作品時，為避免褪色，請收在乾燥且不會照射到陽光的地方。

1 **消除圖案記號線**

用噴霧器在布背面噴水，仔細消除刺繡圖案以外的記號線（用水即可消除的情況）。其他細微部分則用沾濕的棉花棒擦拭即可。

2 **熨燙**

確認記號線都消除乾淨後，用熨斗從背面輕輕整燙。由於立體的刺繡較容易勾壞，最好在作品下方墊上毛巾，再從上方做整燙。若還有記號線殘留的話，熨燙時會使墨水印上去，必須多加留意！

胸針的製作方式

這裡以「蝴蝶胸針」（p.43）來介紹製作步驟。
其他款胸針也能以相同的方式來做最後修飾。

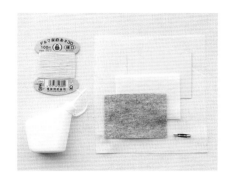

○材料

刺繡用布料　約15x15cm

薄布襯（若沒有可用手工藝用棉花）

紙卡

毛氈布（厚）

＊用皮革來做也很漂亮

2.5cm 長的胸針底座（金色）

手縫線

手工藝用黏著劑

〈縫串珠時〉

若要縫串珠，請在胸針製作完成之後再進行串縫。將針穿出表面後串1顆珠子，以回針繡縫上，接著重複相同動作。針請使用能穿過珠子孔的法式刺繡針或是串珠繡針。

1 在布面上完成刺繡後，從背面輕柔地整燙，將布的皺褶燙平。

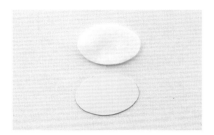

2 將紙卡與薄布襯剪成紙型大小。紙卡若多準備2～3片重疊來做，可以增加強度。

3 毛氈布以比紙型小約0.5cm 的尺寸剪裁下來後，將胸針底座縫上去。

Point
重疊縫合

4 將1的繡布用比紙型多預留約2cm的縫份後剪裁下來，離邊緣約1cm處先用手縫線縫一圈。線與針都先留著。
＊為清楚辨識使用紅色線

5 翻到背面，在剛好刺繡的位置上，將2的薄布襯、紙卡依序疊上去。薄布襯也可依個人喜好多加2～3片，就能製作成蓬蓬的胸針。

6 拉緊平針縫的線，將布束在一起後先打一個結（線與針先留著）。為避免薄布襯或紙卡歪斜，拉線時請一邊調整位置一邊進行。

7 將多餘的布邊剪掉，小心去除。也要小心別剪到平針縫的線。

8 用平針縫的線一上一下地一邊挑針一邊縫合，確實繫緊後再打個結，並剪掉線頭。將手工藝用黏著劑輕輕點在3的毛氈布背面。

完成

9 將毛氈布貼在胸針上，用繚縫將周圍縫合。

Pansy bouquet　三色菫

Page.7

緞面繡的刺繡圖案，雖然大多較適合中高階的熟手，
不過本作品是使用粗的羊毛繡線，較容易填滿面，
能充分感受到素雅風格與立體感。

※ DMC TAPESTRY 羊毛繡線皆為 1 股線
※除了指定以外為緞面繡（1）
※（）中的數字為股數，T 色號為 DMC TAPESTRY 羊毛繡線，
除此之外為 DMC 25 號繡線。

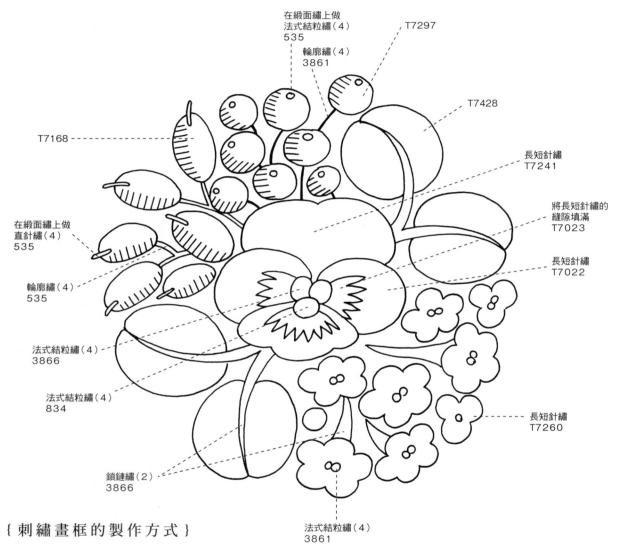

在緞面繡上做
法式結粒繡（4）
535

輪廓繡（4）
3861

T7297

T7428

T7168

長短針繡
T7241

將長短針繡的
縫隙填滿
T7023

長短針繡
T7022

在緞面繡上做
直針繡（4）
535

輪廓繡（4）
535

法式結粒繡（4）
3866

法式結粒繡（4）
834

長短針繡
T7260

鎖鏈繡（2）
3866

法式結粒繡（4）
3861

{ 刺繡畫框的製作方式 }

將刺繡框直接當成畫框作為擺飾時，
建議背面也要處理整齊漂亮才會好看。

1　將刺繡完成的繡布均勻地套在繡框上，沿著繡框
　　外側預留約 3cm。

2　在距離布邊約 1cm 的位置用手縫線縫 1 圈平針縫，
　　緩緩拉緊線，將內側的繡框隱藏起來。
　　（與 p.63 的 *4*、*6* 作法相同）

3　線頭處理完畢後，剪一塊比繡框小一點的毛氈布
　　（大小要能遮住 *2* 的平針縫）貼在背面，用待針固
　　定後縫 1 圈繚縫。

Spring mood　春天氣息

Page.8

用明亮的綠色系及清新的黃色系花草，來展現出春天的
活潑氣息。雖然是使用粗的羊毛繡線，不過在冷色調的
組合搭配下，也能展現初春的春寒料峭。

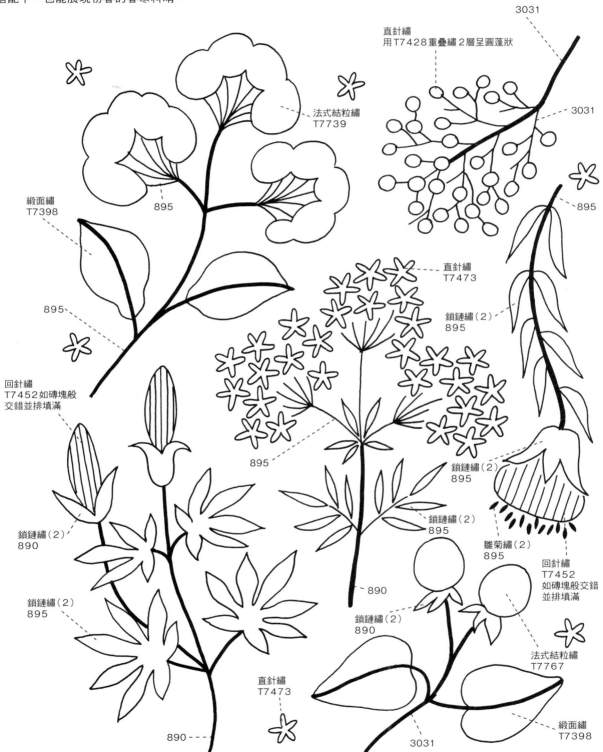

直針繡
用 T7428 重疊繡 2 層呈圓蓬狀

3031

3031

法式結粒繡
T7739

緞面繡
T7398

895

895

直針繡
T7473

鎖鏈繡（2）
895

895

回針繡
T7452如磚塊般
交錯並排填滿

鎖鏈繡（2）
895

鎖鏈繡（2）
895

鎖鏈繡（2）
890

鎖鏈繡（2）
895

雛菊繡（2）
895

回針繡
T7452
如磚塊般交錯
並排填滿

鎖鏈繡（2）
895

890

鎖鏈繡（2）
890

法式結粒繡
T7767

直針繡
T7473

890

3031

緞面繡
T7398

Asian flower 亞洲花卉

Page.10

從亞洲民俗服飾獲得靈感的圖案。色彩配置也很大膽且華麗。
羊毛繡線與25號繡線的組合能充分呈現出立體感。

※除了指定以外為緞面繡（1）
※（ ）中的數字為股數，T色號為DMC TAPESTRY羊毛繡線，
除此之外為DMC 25號繡線。

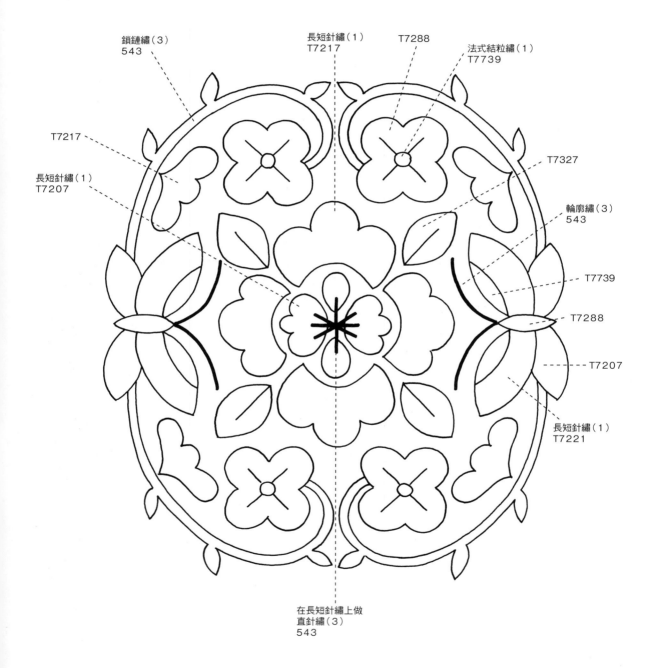

鎖鏈繡（3）
543

長短針繡（1）
T7217

T7288

法式結粒繡（1）
T7739

T7217

T7327

長短針繡（1）
T7207

輪廓繡（3）
543

T7739

T7288

T7207

長短針繡（1）
T7221

在長短針繡上做
直針繡（3）
543

Antique flower brooch　古董花造型胸針

Page.11

花的色調稍微調暗一點，就成為了復古風設計。
周圍用喜歡的串珠作為裝飾，表現出華麗感也很別緻。
胸針的製作方式請參考63頁。

※除了指定以外為6股線
※（ ）中的數字為股數，T色號為DMC TAPESTRY羊毛繡線，
除此之外為DMC 25號繡線。

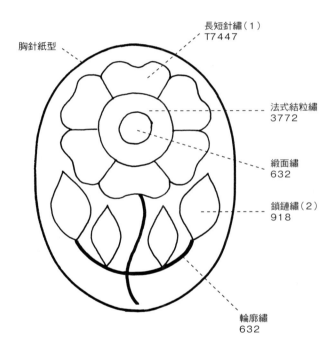

胸針紙型

長短針繡（1）
T7447

法式結粒繡
3772

緞面繡
632

鎖鏈繡（2）
918

輪廓繡
632

Cherry season 櫻桃季

Page.12

水藍色的布襯托出活潑可愛的櫻桃。
用羊毛繡線繡出又蓬又可愛的圖案。
如作品照片般排列在一起，即可成為連續花紋。

※（ ）中的數字為股數，
T 色號為 DMC TAPESTRY 羊毛繡線，
除此之外為 DMC 25 號繡線。

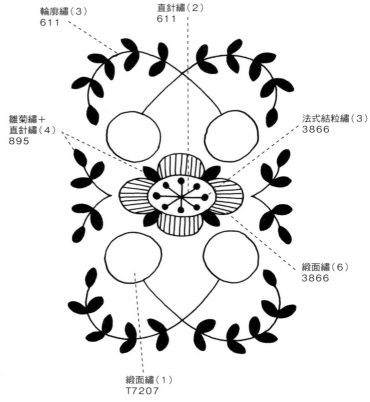

輪廓繡（3）
611

直針繡（2）
611

法式結粒繡（3）
3866

雛菊繡＋
直針繡（4）
895

緞面繡（6）
3866

緞面繡（1）
T7207

Blackberry 黑莓

Page.13

用法式結粒繡表現小小的黑莓很到味。
以沉穩色調營造出華麗感的連續圖案。

※除了指定以外為 2 股線
※（ ）中的數字為股數，T 色號為 DMC TAPESTRY 羊毛繡線，
A 色號為 APPLETONS 羊毛繡線，除此之外為 DMC 25 號繡線。

法式
結粒繡（1）
T7023

法式結粒繡
A964

輪廓繡
319

鎖鏈繡
319

Flower garden　花園

Page.15

設計成繁花翩翩紛飛的圖案，很適合淡雅的色調。
由於花莖等使用 25 號繡線，更能顯現花朵的立體感。

※除了指定以外為 2 股線
※花莖皆為輪廓繡（2）646
※（ ）中的數字為股數，A 色號為 APPLETONS 羊毛繡線，
除此之外為 DMC 25 號繡線。

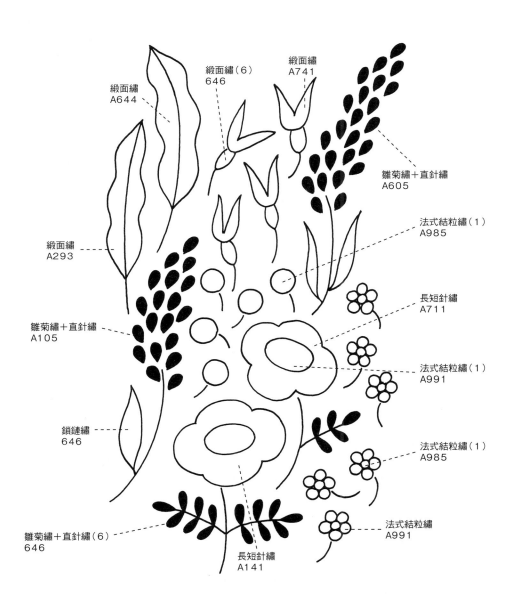

緞面繡（6）
646

緞面繡
A741

緞面繡
A644

雛菊繡＋直針繡
A605

緞面繡
A293

法式結粒繡（1）
A985

長短針繡
A711

雛菊繡＋直針繡
A105

法式結粒繡（1）
A991

鎖鏈繡
646

法式結粒繡（1）
A985

雛菊繡＋直針繡（6）
646

法式結粒繡
A991

長短針繡
A141

Butterfly garden　蝴蝶花園

Page.16

用可愛的風格來表現群蝶飛舞的樂園。
花朵部分以簡約風格來刺繡也能很可愛。

※除了指定以外為輪廓繡
※（ ）中的數字為股數，A 色號為 APPLETONS 羊毛繡線，
除此之外為 DMC 25 號繡線。

雛菊繡＋直針繡（1）
由上至下
A181
A711
A713
A148

直針繡（2）
501

（2）501

（1）A741

（6）501

鎖鏈繡（2）
501

（4）501

鎖鏈繡（2）
502

鎖鏈繡（2）
502

（6）502

法式結粒繡（2）
由上至下
A984
A985
A713
A148

在鎖鏈繡上做
法式結粒繡（4）
3799

（2）3799

緞面繡（4）
648

鎖鏈繡（2）
B5200

在鎖鏈繡上做
緞面繡（4）
3799

在最上面做
直針繡（4）
3799

（6）501

Acorn　橡實

Page.18

橡實沉穩的色調令人感受到秋季的來臨。
此為大量使用羊毛繡線來展現立體感的圖案。

※除了指定以外為緞面繡（2）
※（ ）中的數字為股數，A 色號為 APPLETONS 羊毛繡線，
除此之外為 DMC 25 號繡線。

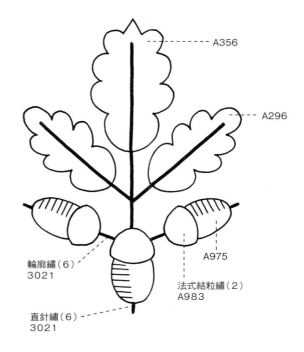

A356

A296

A975

輪廓繡（6）
3021

法式結粒繡（2）
A983

直針繡（6）
3021

Flower tree　花之樹

Page.19

開滿大花朵的樹令凜然的冬景演示出夢幻感。
雖然是較沉穩別緻的色調，
若換成華麗的顏色也能呈現季節感。
刺繡畫框的製作方式請參考 64 頁。

※（ ）中的數字為股數，
A 色號為 APPLETONS 羊毛繡線，
除此之外為 DMC 25 號繡線。

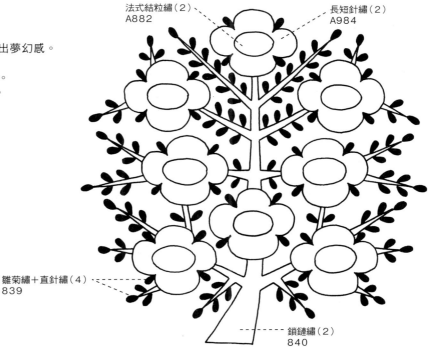

法式結粒繡（2）
A882

長短針繡（2）
A984

雛菊繡＋直針繡（4）
839

鎖鏈繡（2）
840

Hummingbird 蜂鳥

Page.20

飛在蓬蓬柔軟的羊毛花園裡的小蜂鳥。
橘色的花與藍色的蜂鳥搭配出清新明亮配色的圖案。

※除了指定以外為2股線
※（ ）中的數字為股數，A色號為APPLETONS羊毛繡線，
除此之外為DMC 25號繡線。

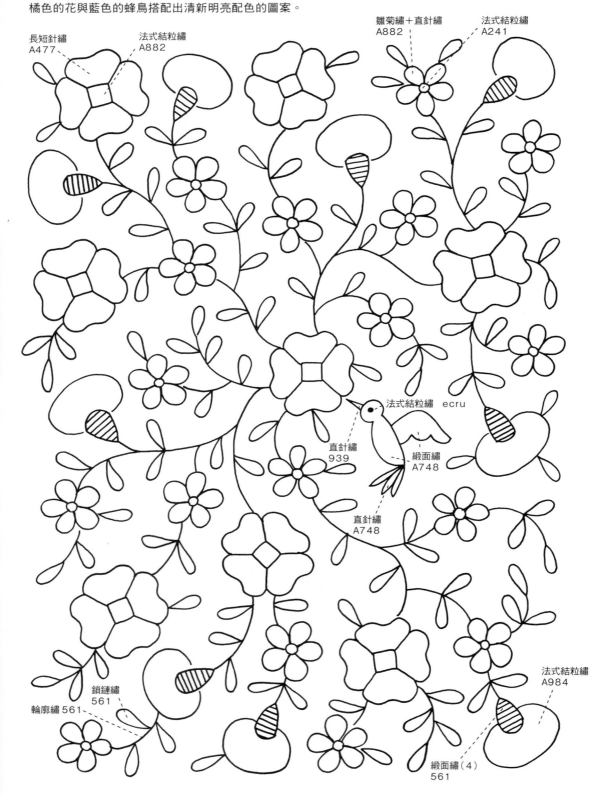

長短針繡
A477

法式結粒繡
A882

雛菊繡＋直針繡
A882

法式結粒繡
A241

法式結粒繡　ecru

直針繡
939

緞面繡
A748

直針繡
A748

鎖鏈繡
561

輪廓繡 561

法式結粒繡
A984

緞面繡（4）
561

72

Rose and little daisy pattern　玫瑰與小雛菊的搭配

Page.21

用柔軟的羊毛繡線繡出玫瑰與小雛菊的連續花紋組合。將雛菊換成自己喜歡的花朵
也很不錯。可以試著繡在相交的邊角等位置。

※除了指定以外為緞面繡（2）　※除了指定以外為 2 股線
※（ ）中的數字為股數，A 色號為 APPLETONS 羊毛繡線，除此之外為 DMC 25 號繡線。

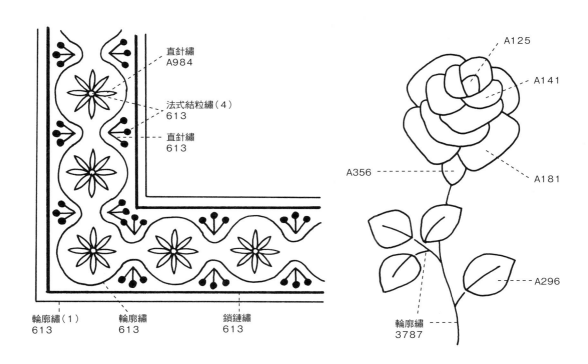

直針繡
A984

法式結粒繡（4）
613

直針繡
613

A125

A141

A356

A181

A296

輪廓繡
3787

輪廓繡（1）
613

輪廓繡
613

鎖鏈繡
613

Poodle　貴賓犬

Page.23

將可愛的貴賓犬繡成灰色的色調，就營造出了都會感。
混合搭配兩種顏色的羊毛繡線，來表現捲曲的毛。

※皆為 2 股線
※ A 色號為 APPLETONS 羊毛繡線，
除此之外為 DMC 25 號繡線。

緞面繡
A151

法式結粒繡
310

在鎖鏈繡上做緞面繡
310

法式結粒繡
結合 A151＋A991
各 1 股線

鎖鏈繡
645

Red clover wreath 紅荻草花環

Page.22

將小時候在草原上製作花環的回憶，設計成了圖案。
花的部分是以混色的羊毛繡線呈現出立體感，低調的色調更能突顯花朵。

※花莖的粗線是輪廓繡（4），細線是輪廓繡（2）。
※除了指定以外為 2 股線
※（ ）中的數字為股數，A 色號為 APPLETONS 羊毛繡線，
除此之外為 DMC 25 號繡線。

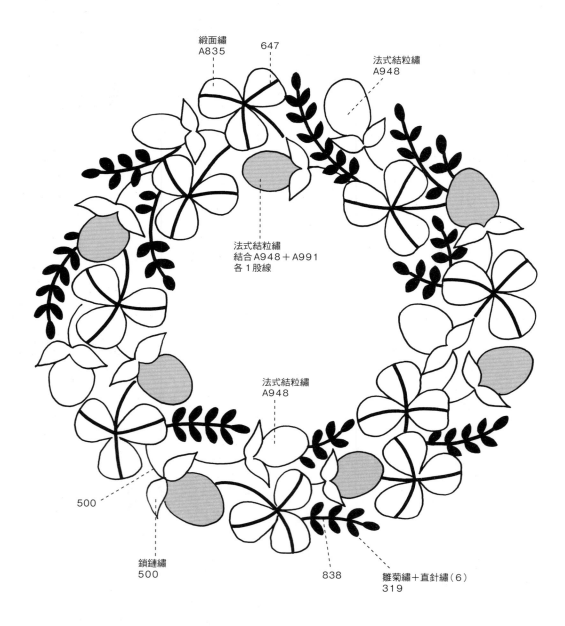

緞面繡
A835

647

法式結粒繡
A948

法式結粒繡
結合 A948＋A991
各 1 股線

法式結粒繡
A948

500

鎖鏈繡
500

838

雛菊繡＋直針繡（6）
319

Soft wind　微風

Page.24

乘著清爽微風的花花草草，飄散著馨香的氛圍。
用6種小果實與棉絮、樹枝、樹葉做點綴。

※除了指定以外為輪廓繡
※除了指定以外為2股線
※（）中的數字為股數，A色號為APPLETONS羊毛繡線，
除此之外為DMC 25號繡線。

雛菊繡
3346

（4）
3782

雛菊繡＋
直針繡（4）
367

法式結粒繡
A985

368

雛菊繡＋直針繡（4）
368

鎖鏈繡
3346

（6）
3051

367

緞面繡（4）
367

直針繡
A991

鎖鏈繡3051

（6）3023

（6）611

雛菊繡＋
直針繡
A882

Botanical garden ver. 14 colors
植物花園 14 色 *Page.25,26*

以各式各樣的花草形成的茂密繁華圖案。
若將葉子與花的顏色統一，還可以轉變為清晰的色調。

◎ 25 頁「植物花園」的線，白色為 A882、米色為 841、綠色為 319。
※花莖的粗線為輪廓繡（4），細線為輪廓繡（2）。
※除了指定以外的花瓣為長短針繡（2）　※除了指定以外為 2 股線
※（　）中的數字為股數，A 色號為 APPLETONS 羊毛繡線，
除此之外為 DMC 25 號繡線。

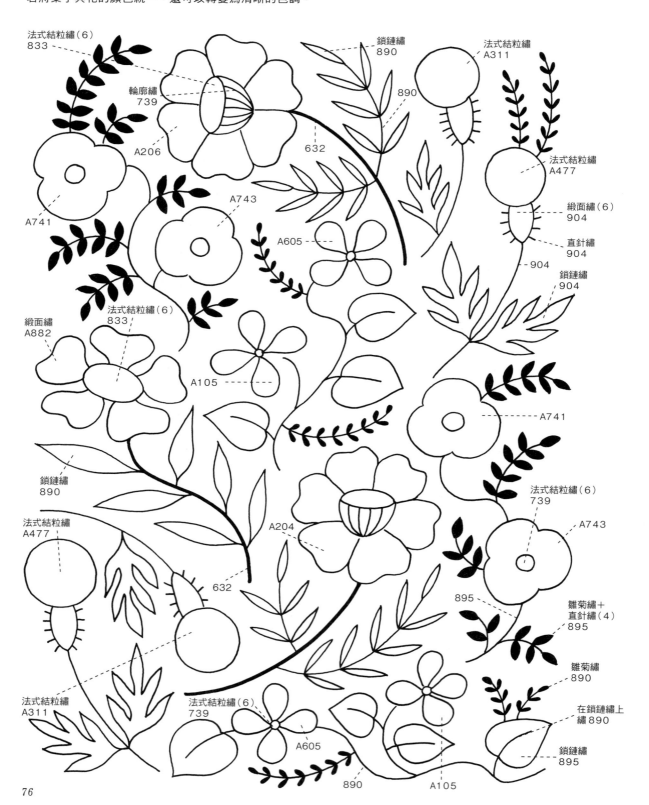

法式結粒繡（6）833
輪廓繡 739
A206
A741
A743
A605
鎖鏈繡 890
890
632
法式結粒繡 A311
法式結粒繡 A477
緞面繡（6）904
直針繡 904
904
鎖鏈繡 904
緞面繡 A882
法式結粒繡（6）833
A105
A741
鎖鏈繡 890
法式結粒繡 A477
A204
632
法式結粒繡（6）739
A743
895
雛菊繡＋直針繡（4）895
雛菊繡 890
在鎖鏈繡上繡 890
鎖鏈繡 895
法式結粒繡 A311
法式結粒繡（6）739
A605
890
A105

Little flower wreath 小花的花環

Page.29

用白色線在黑色布上繡出色彩低調的淡雅風格花草。
以細緻刺繡編織出的靜寂時光花環。
刺繡畫框的製作方式請參考64頁。

※除了指定以外為6股線
※（ ）中的數字為股數，A色號為APPLETONS羊毛繡線，
除此之外為DMC 25號繡線。

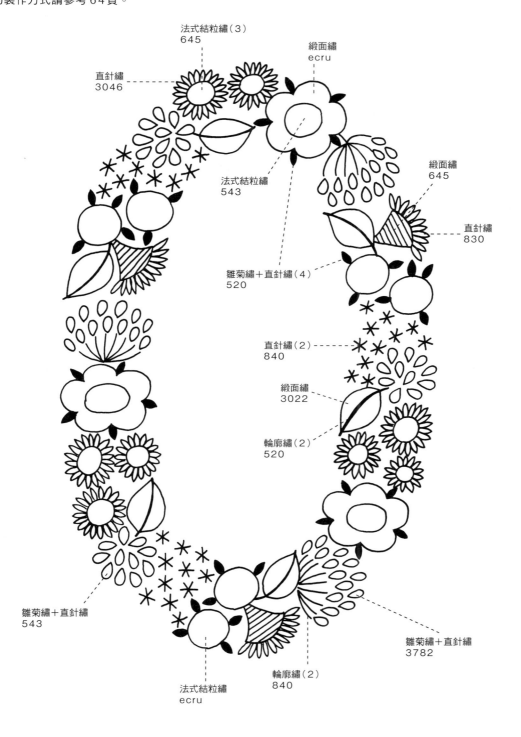

法式結粒繡（3）
645

緞面繡
ecru

直針繡
3046

法式結粒繡
543

緞面繡
645

直針繡
830

雛菊繡＋直針繡（4）
520

直針繡（2）
840

緞面繡
3022

輪廓繡（2）
520

雛菊繡＋直針繡
543

雛菊繡＋直針繡
3782

輪廓繡（2）
840

法式結粒繡
ecru

Moroccan blue　摩洛哥藍

Page.30

從摩洛哥的古董花磚圖案獲得的靈感。
立體呈現出水與天空的感覺。
清新的圖案很適合夏天。

◎ DMC 25 號繡線－ 932
※除了指定以外為 6 股線
※（ ）中的數字為股數

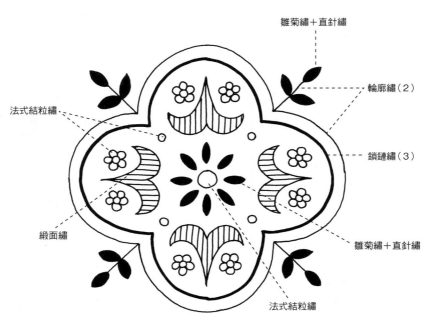

雛菊繡＋直針繡

輪廓繡（2）

鎖鏈繡（3）

法式結粒繡

緞面繡

雛菊繡＋直針繡

法式結粒繡

Mini bouquet　迷你花束

Page.36

各種小花活潑生動地搭配在一起，
設計成花束的圖案。
紫色優雅的配色相當具有魅力。
作為單一主視覺或是排列起來都很漂亮。

※除了指定以外為鎖鏈繡（2）
※除了指定以外為 2 股線
※（ ）中的數字為股數，色號為 DMC 25 號繡線

3861

154

法式結粒繡（3）
739

輪廓繡
3790

緞面繡（6）
739

雛菊繡＋直針繡（4）
319

輪廓繡
632

Summer grass 夏季花草

Page.31

栩栩如生的夏季花草。
花色低調更能突顯葉子。

※花莖的粗線為輪廓繡（4），細線為輪廓繡（2）。
※除了指定以外為 2 股線
※（ ）中的數字為股數，色號為 DMC 25 號繡線。

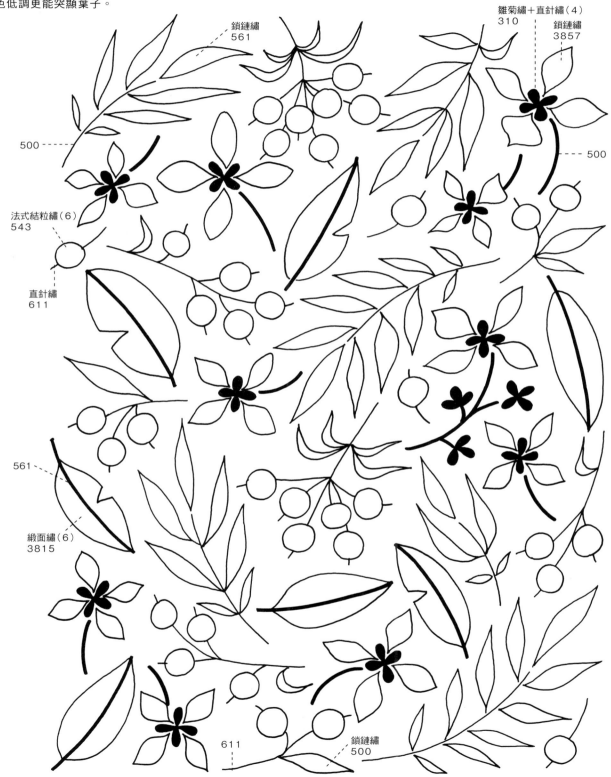

鎖鏈繡
561

雛菊繡＋直針繡（4）
310

鎖鏈繡
3857

500

500

法式結粒繡（6）
543

直針繡
611

561

緞面繡（6）
3815

611

鎖鏈繡
500

Square garland　方框花環

Page.32

※花莖的粗線為輪廓繡（4），細線為輪廓繡（2）。
※除了指定以外為緞面繡（4）
※除了指定以外為 4 股線
※（）中的數字為股數，色號為 DMC 25 號繡線。

將各種表情的花朵排列成格子的圖案。
重複刺繡即可形成連續的花紋。

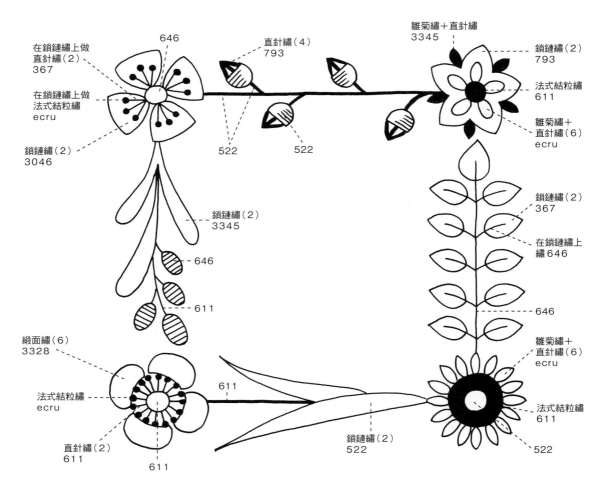

在鎖鏈繡上做
直針繡（2）
367

在鎖鏈繡上做
法式結粒繡
ecru

鎖鏈繡（2）
3046

646

直針繡（4）
793

522

522

鎖鏈繡（2）
3345

646

611

雛菊繡＋直針繡
3345

鎖鏈繡（2）
793

法式結粒繡
611

雛菊繡＋
直針繡（6）
ecru

鎖鏈繡（2）
367

在鎖鏈繡上
繡 646

646

雛菊繡＋
直針繡（6）
ecru

法式結粒繡
611

522

緞面繡（6）
3328

法式結粒繡
ecru

直針繡（2）
611

611

611

鎖鏈繡（2）
522

Square garland wedding ring cushion　方框花環戒枕

Page.33

【完成尺寸】
14x14cm

【材料】
表布：
亞麻布（白色）－20x35cm
0.6cm 寬的絲質緞帶
（白色）－32cm
手工藝用棉花－適量

【作法】
1
如右圖的位置所示，將圖
案轉印在表布正面並刺
繡完畢後，四個邊各加上
1cm 縫份後剪裁下來。

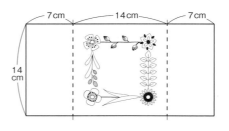

2
正面相對並對
折，留下 5cm
返口後縫合。

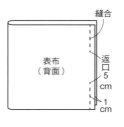

3
將 2 的縫線往中央位置折做出
折線，上下邊縫合起來。從返
口翻回正面，塞入適量的手工
藝用棉花後，以藏針縫縫合返
口。將緞帶對折後縫在中央。

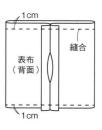

Floral lace pattern　花樣蕾絲

Page.34

以復古蕾絲為靈感，整齊繡滿的蕾絲圖案。
繡在罩衫的袖子等也很漂亮。

◎ DMC 25 號繡線－ 355
※除了指定以外為鎖鏈繡（3）
※除了指定以外為 3 股線
※（　）中的數字為股數

法式結粒繡

直針繡（6）

雛菊繡＋直針繡

法式結粒繡（6）

直針繡

法式
結粒繡

法式
結粒繡（6）

法式結粒繡（6）

長短針繡（6）

長短針繡（6）

Flower lace brooch 花樣蕾絲胸針

Page.35

將「花樣蕾絲」圖案（p.81）中喜歡的部分，
配合胸針的紙型剪裁下來製作成胸針吧。
胸針的製作方式請參考63頁。

◎ DMC 25 號繡線— 3866
※將「花樣蕾絲」圖案中喜歡的部分配合胸針的紙型剪裁下來

胸針紙型

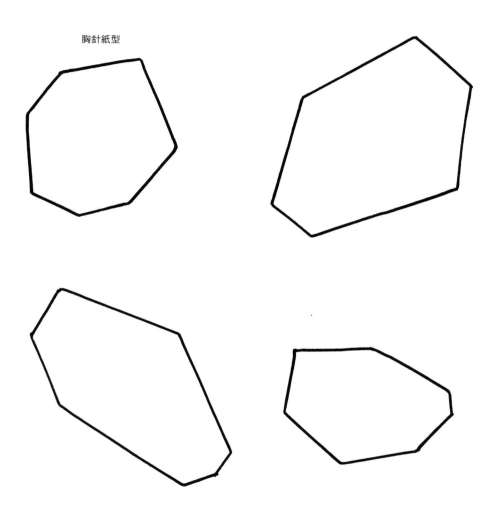

Horse rider 騎馬的人

Page.37

戴著羽毛裝飾跨坐在馬上，有些幽默的圖案。
推薦可以嵌在畫框裡，或是做成卡片也不錯。

※除了指定以外為緞面繡（4）
※除了指定以外為 4 股線
※（ ）中的數字為股數，色號為 DMC 25 號繡線。

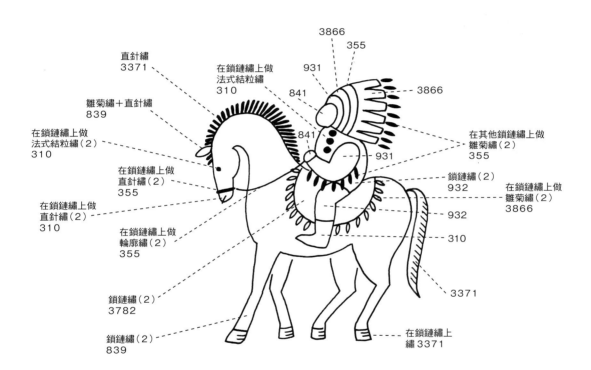

直針繡
3371

在鎖鏈繡上做
法式結粒繡
310

3866

355

931

841

3866

雛菊繡＋直針繡
839

在鎖鏈繡上做
法式結粒繡（2）
310

841

在其他鎖鏈繡上做
雛菊繡（2）
355

在鎖鏈繡上做
直針繡（2）
355

931

鎖鏈繡（2）
932

在鎖鏈繡上做
雛菊繡（2）
3866

在鎖鏈繡上做
直針繡（2）
310

在鎖鏈繡上做
輪廓繡（2）
355

932

310

鎖鏈繡（2）
3782

3371

鎖鏈繡（2）
839

在鎖鏈繡上
繡 3371

Modern flower　現代花卉

※（ ）中的數字為股數，色號為 DMC 25 號繡線。

Page.38

滿滿長花莖的單枝花圖案。以灰色為基礎色調，
個性化的色彩配置玩味十足。

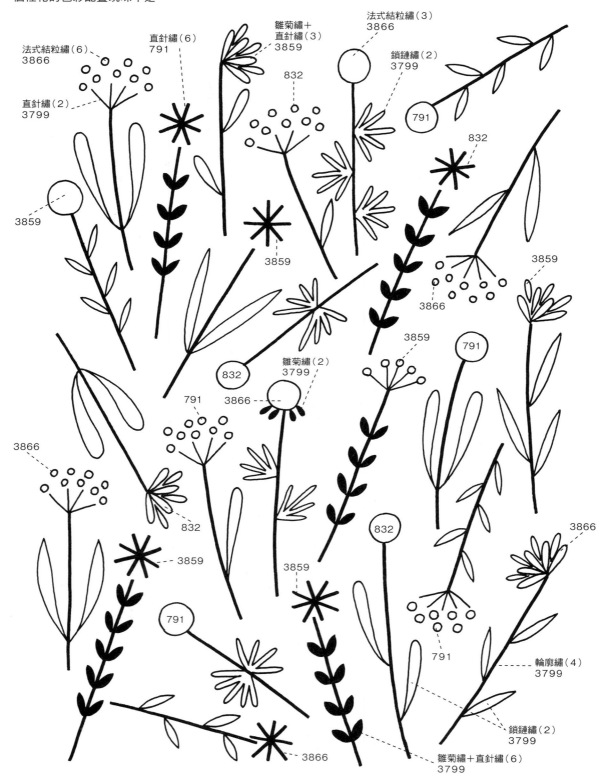

法式結粒繡（6）
3866

直針繡（6）
791

雛菊繡＋
直針繡（3）
3859

法式結粒繡（3）
3866

832

鎖鏈繡（2）
3799

直針繡（2）
3799

791

832

3859

3859

3859

3866

832

雛菊繡（2）
3799

3866

3859

791

3866

791

832

3859

3866

3859

832

791

791

輪廓繡（4）
3799

鎖鏈繡（2）
3799

3866

雛菊繡＋直針繡（6）
3799

Little flower pattern　小花圖案

Page.41

用金粉色系繡出甜美可愛的花朵，
呈現出精緻高質感的圖案。
把繡布換成喜歡的顏色也很有意思。

※花瓣為長短針繡（6）
※除了指定以外為 2 股線
※（）中的數字為股數，D 色號為 DMC Diamant 繡線，
除此之外為 DMC 25 號繡線。

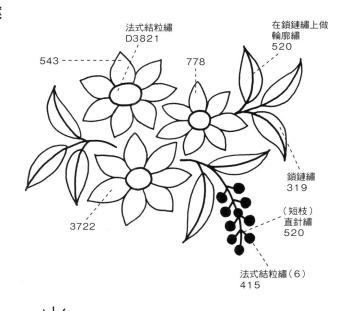

法式結粒繡
D3821

543

778

在鎖鏈繡上做
輪廓繡
520

鎖鏈繡
319

（短枝）
直針繡
520

3722

法式結粒繡（6）
415

Floral tile pattern　花磚圖案

Page.42

在小花上繡金色的星星，以磁磚風格呈現的花紋。
也是很適合聖誕節時期使用的圖案。
此外，也推薦將每個圖案的間隔拉大，擴展面積。

※除了指定以外的粗線為鎖鏈繡（2），細線為輪廓繡（2）。
※除了指定以外為 2 股線
※（）中的數字為股數，D 色號為 DMC Diamant 繡線，
除此之外為 DMC 25 號繡線。

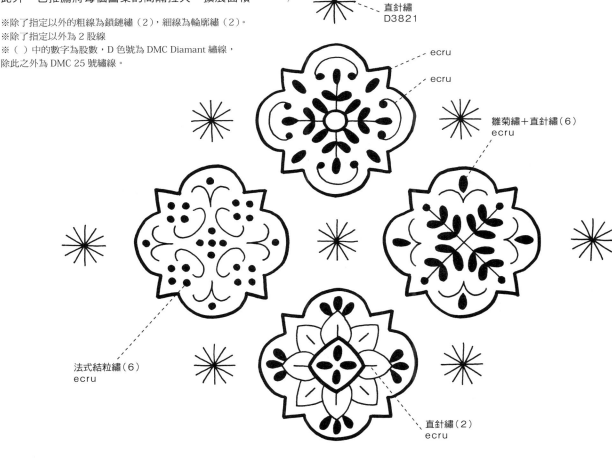

直針繡
D3821

ecru

ecru

雛菊繡＋直針繡（6）
ecru

法式結粒繡（6）
ecru

直針繡（2）
ecru

Butterfly brooch　蝴蝶胸針

Page.43

在彷彿要飛走的蝴蝶上，繡上裝飾的邊緣，製作成標本造型的
胸針。要不要別在胸前看看呢？胸針的製作方式請參考63頁。

※除了指定以外為輪廓繡（1）
※（ ）中的數字為股數，D 色號為 DMC Diamant 繡線，
除此之外為 DMC 25 號繡線。

Natural

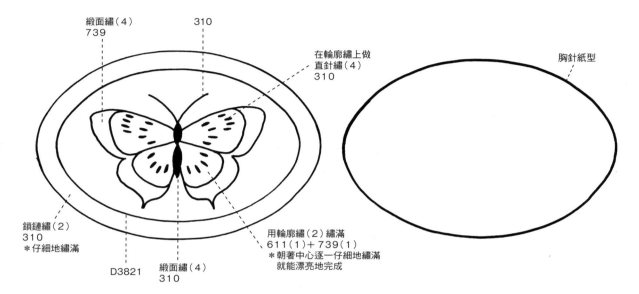

綢面繡（4）
739

310

在輪廓繡上做
直針繡（4）
310

胸針紙型

鎖鏈繡（2）
310
＊仔細地繡滿

D3821

綢面繡（4）
310

用輪廓繡（2）繡滿
611（1）＋739（1）
＊朝著中心逐一仔細地繡滿
就能漂亮地完成

Blue

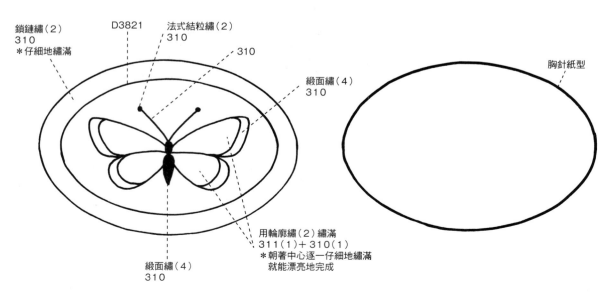

鎖鏈繡（2）
310
＊仔細地繡滿

D3821

法式結粒繡（2）
310

310

綢面繡（4）
310

胸針紙型

用輪廓繡（2）繡滿
311（1）＋310（1）
＊朝著中心逐一仔細地繡滿
就能漂亮地完成

綢面繡（4）
310

Flower branch brooch 花朵樹胸針

Page.43

令人感受到冬天冷冽空氣的花朵樹胸針。
柔軟的羊毛繡線與散發冷硬光澤感的金蔥線，
組合創造出的嶄新圖案。胸針的製作方式請參考63頁。

◎除了花瓣以外為 DMC Diamant 繡線— D415
※除了指定以外為 1 股線
※（ ）中的數字為股數，A 色號為 APPLETONS 羊毛繡線。

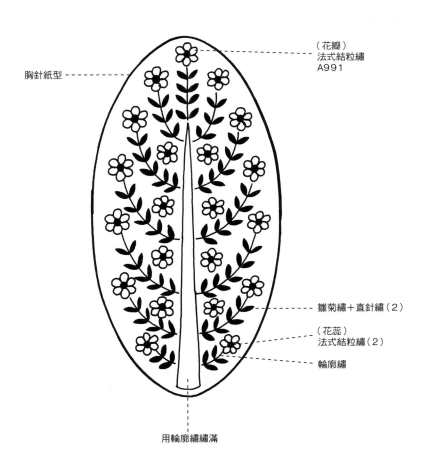

胸針紙型

（花瓣）
法式結粒繡
A991

雛菊繡＋直針繡（2）

（花蕊）
法式結粒繡（2）

輪廓繡

用輪廓繡繡滿

King of pigeons　鴿子王

Page.44

大大張著翅膀的鴿子王，使用金色來營造出成熟風格。
單色圖案不論是繡1隻或繡多隻都很可愛。

◎ DMC Diamant 繡線－D3821
◎ 45 頁的室內拖鞋使用 D310
※除了指定以外的粗線為輪廓繡（２），細線為輪廓繡（１）。

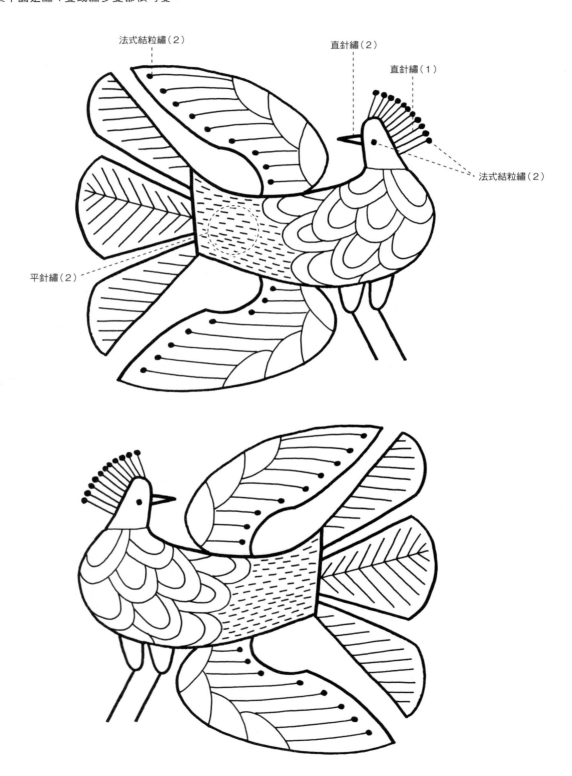

法式結粒繡（２）

直針繡（２）

直針繡（１）

法式結粒繡（２）

平針繡（２）

Funny flower pattern 奇特花卉圖案

Page.47

將色彩繽紛的花草用童趣般的風格描繪出來，就能充分表現出歡樂氣氛。
稍微粗一點的 8 號珍珠棉線與個性化的圖案相當搭配。

※除了指定以外為鎖鏈繡（1）
※（ ）中的數字為股數，
C 色號為 DMC PEARL COTTON 8 號珍珠棉線。

C320

C778

C223

C938

C890

法式結粒繡（2）
C712

C890

C712

C793

C341

緞面繡（2）
C823

法式
結粒繡（2）
C840

C712

緞面繡（2）
C793

C890

C840

C890

C320

法式結粒繡（2）
C919

C3041

C890

緞面繡（2）
C890

C320

Humorous bird 滑稽的鳥

Page.48

可愛的鳥兒與變形的花朵形成新奇的圖案。
由於這個圖案的面要用鎖鏈繡填滿，請耐心地仔細刺繡吧。

※除了指定以外為鎖鏈繡（1）
※除了指定以外為 1 股線
※（ ）中的數字為股數，
C 色號為 DMC PEARL COTTON 8 號珍珠棉線。

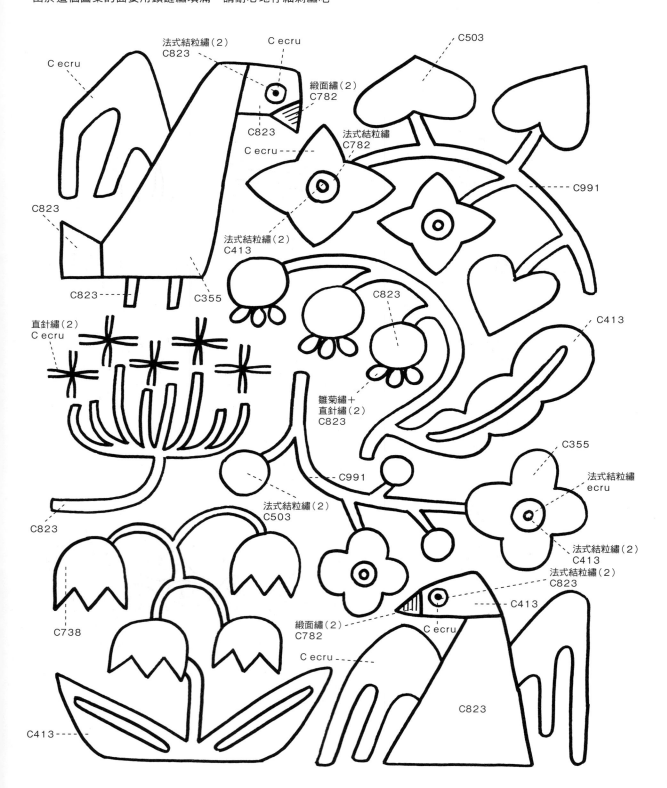

法式結粒繡（2）
C823

C ecru

C503

C ecru

緞面繡（2）
C782

C823

法式結粒繡
C782

C ecru

C991

C823

法式結粒繡（2）
C413

C823

C823

C413

C823

C355

直針繡（2）
C ecru

雛菊繡＋
直針繡（2）
C823

C355

法式結粒繡
ecru

C991

C823

法式結粒繡（2）
C503

法式結粒繡（2）
C413

法式結粒繡（2）
C823

C413

C738

緞面繡（2）
C782

C ecru

C ecru

C823

C413

Coral pattern 珊瑚圖案

Page.50

用色彩繽紛的各種珊瑚完美搭配出的夏天圖案。
這裡、那裡，隨處都可以躲藏小丑魚！

※除了指定以外為鎖鏈繡（1）
※除了指定以外為 1 股線
※（ ）中的數字為股數，
C 色號為 DMC PEARL COTTON 8 號珍珠棉線。

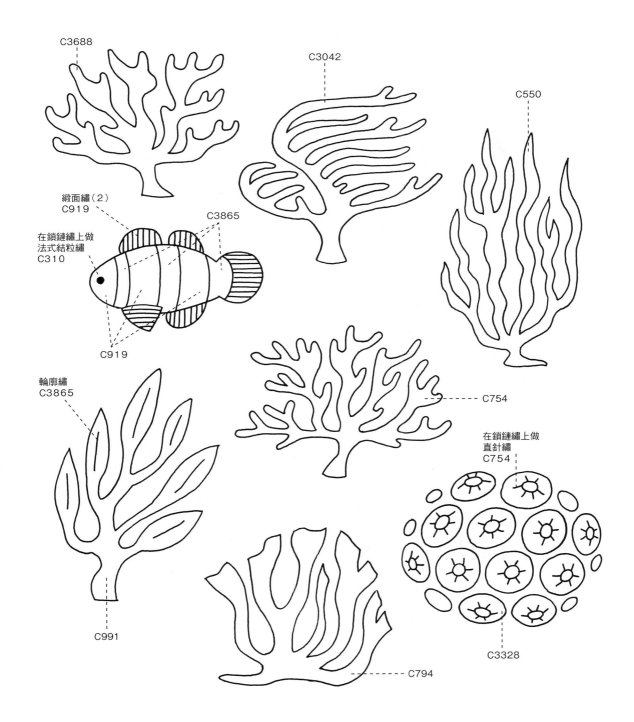

C3688

C3042

C550

緞面繡（2）
C919

在鎖鏈繡上做
法式結粒繡
C310

C3865

C919

輪廓繡
C3865

C754

在鎖鏈繡上做
直針繡
C754

C991

C794

C3328

Coral forest 珊瑚之森

Page.51

「珊瑚圖案」中的 7 種珊瑚搭配小丑魚的設計。
從最靠近自己的珊瑚，再往遠處的順序來繡會比較順手。
刺繡畫框的製作方式請參考 64 頁。

※除了指定以外為鎖鏈繡（1）
※除了指定以外為 1 股線
※（ ）中的數字為股數，
C 色號為 DMC PEARL COTTON 8 號珍珠棉線。

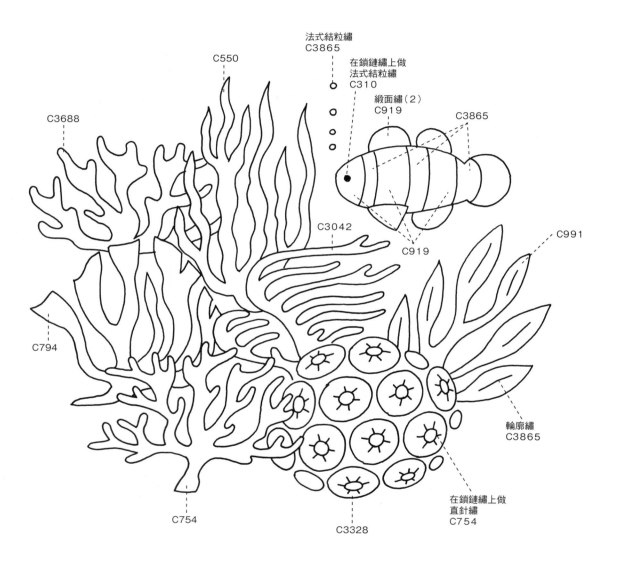

法式結粒繡
C3865

在鎖鏈繡上做
法式結粒繡
C310

緞面繡（2）
C919

C3865

C550

C3688

C3042

C991

C794

C919

輪廓繡
C3865

在鎖鏈繡上做
直針繡
C754

C754

C3328

92

Paisley pattern 佩斯利花紋

Page.52

將成熟風格的佩斯利花紋繡成蓬蓬的連續
圖案，更換成金色或銀色的金蔥線也非常
漂亮。

◎ DMC PEARL COTTON 8 號珍珠棉線－ C3033
※除了指定以外為輪廓繡（1）
※除了指定以外為 1 股線
※（ ）中的數字為股數

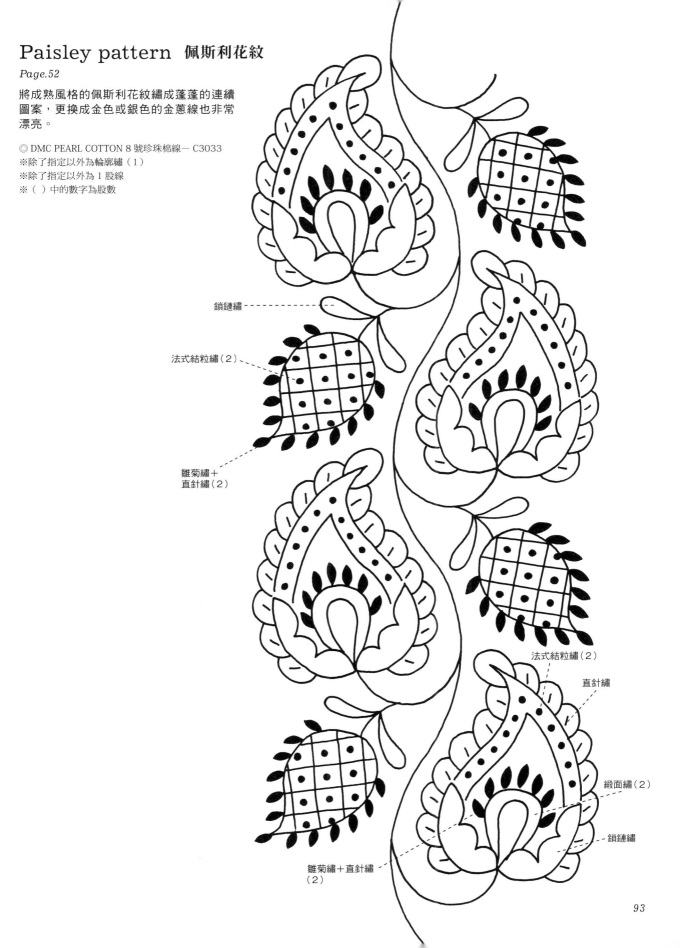

鎖鏈繡

法式結粒繡（2）

雛菊繡＋
直針繡（2）

法式結粒繡（2）

直針繡

緞面繡（2）

鎖鏈繡

雛菊繡＋直針繡
（2）

Indian SARASA pattern　印度更紗花紋

Page.53

從印度更紗花紋獲得靈感的異國情調圖案。
以略帶茶色的紅色為主視覺，
巧妙地結合在一起。

※除了指定以外為鎖鏈繡（1）
※除了指定以外為 1 股線
※（ ）中的數字為股數，
C 色號為 DMC PEARL COTTON 8 號珍珠棉線。

雛菊繡（2）
C890

雛菊繡＋直針繡（2）
C355

輪廓繡
C355

法式結粒繡（2）
C524

C355

C355

C890

緞面繡（2）
C355

法式結粒繡
C355

直針繡
C355

C355

雛菊繡＋
直針繡（2）
C355

C355

雛菊繡（2）
C890

雛菊繡
C355

C355

法式
結粒繡（2）
C524

雛菊繡＋
直針繡（2）
C355

法式結粒繡
C355

長短針繡（2）
C355

輪廓繡
C840

雛菊繡＋
直針繡（2）
C355

法式結粒繡（2）
C524

94

Flower rhythm　花樣旋律

Page.54

將簡單的花朵規律地排列形成的連續圖案。
刺繡技法少，只需重複一樣的繡法，
是初學者也能輕鬆繡完成的圖案。

※除了指定以外為鎖鏈繡（1）
※除了指定以外為 1 股線．
※（ ）中的數字為股數，
C 色號為 DMC PEARL COTTON 8 號珍珠棉線。

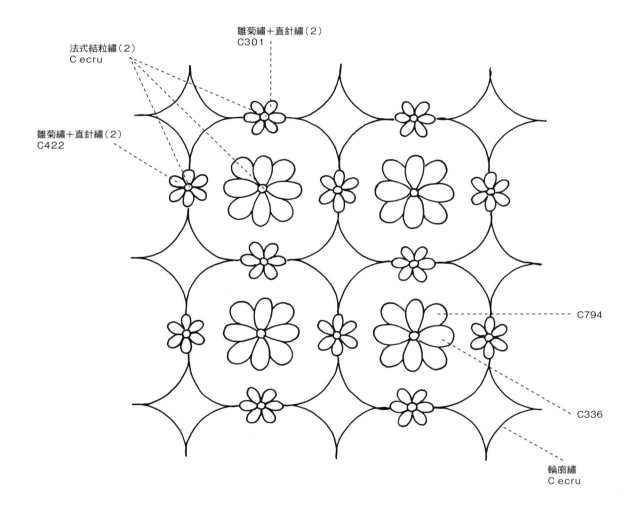

法式結粒繡（2）
C ecru

雛菊繡＋直針繡（2）
C301

雛菊繡＋直針繡（2）
C422

C794

C336

輪廓繡
C ecru

國家圖書館出版品預行編目（CIP）資料

樋口愉美子的優雅刺繡時光：5 種繡線繡出春的樂
園、夏的花草還有迷人的花鳥圖案 / 樋口愉美子作；
李惠芬翻譯 .-- 初版 .-- 新北市：大風文創股份有限
公司, 2021.10
　面；　公分
　譯自：樋口愉美子の刺繡時間 5 つの糸で楽しむ植
物と模様
　ISBN 978-986-06701-1-0(平裝)

1. 刺繡 2. 手工藝 3. 圖案

426. 2　　　　　　　　　　　　110012035

樋口愉美子的優雅刺繡時光：

5 種繡線繡出春的樂園、夏的花草還有迷人的花鳥圖案

作　　者／樋口愉美子
執　　編／王義馨
翻　　譯／李惠芬
編輯排版／陳琬綾
發 行 人／張英利
出 版 者／大風文創股份有限公司
電　　話／02-2218-0701
傳　　真／02-2218-0704
網　　址／ http://windwind.com.tw
E - M a i l ／ rphsale@gmail.com
Facebook ／大風文創粉絲團
http://www.facebook.com/windwindinternational
地　　址／ 231 台灣新北市新店區中正路 499 號 4 樓

初版一刷／ 2021 年 10 月
ISBN ／ 978-986-06701-1-0
定價／ 350 元
....

台灣地區總經銷／聯合發行股份有限公司
電話／（02）2917-8022　傳真／（02）2915-6276
地址／ 231 新北市新店區寶橋路 235 巷 6 弄 6 號 2 樓

香港地區總經銷／豐達出版發行有限公司
電話／（852）2172-6533　傳真／（852）2172-4355
地址／香港柴灣永泰道 70 號 柴灣工業城 2 期 1805 室

HIGUCHI YUMIKO NO SHISHU JIKAN
Copyright ©Yumiko Higuchi2018
All rights reserved.
Original Japanese edition published in Japan by EDUCATIONAL
FOUNDATION BUNKAGAKUEN BUNKA PUBLISHING BUREAU.
Traditional Chinese edition copyright ©2021 by Wind Wind International
Company Ltd.
Chinese (in complex character) translation rights arranged with
EDUCATIONAL FOUNDATIONBUNKA GAKUEN BUNKA
PUBLISHING BUREAU
through KEIO CULTURAL ENTERPRISE CO., LTD.

日方 Staff

發行人	濱田勝宏
書本設計	塚田佳奈（ME&MIRACO）
攝影	加藤新作
造型	前田かおり
妝髮	KOMAKI
模特兒	アデレード・ヤング（Sugar&Spice）
DTP	WADE 手芸制作部
校對	向井雅子
編輯	土屋まり子（スリーシーズン）
	西森知子（文化出版局）